地球の未来と「水」……1

生命(いのち)をささえる、めぐる水

監修＝横山隆一◆谷口孚幸

さ・え・ら書房

【目次】

1章 地球は水の惑星

❶ 水の惑星の誕生
4

❷ 地球上にはどれだけの水があるの？
6

❸ 水は足りているの？
8

❹ 日本の水はだいじょうぶ？
12

❺ 水ってふしぎ
16

❻ 体の中にも水がいっぱい
18

❼ ぐるぐるめぐる水
20

❽ 森は緑のダム
22

❾ 森と水のもうひとつの関係
25

❿ 川のはたらき
27

2章
水はだれのもの？

❶
川や池や湖沼の生き物たち
30

❷
川を変えてしまうと
34

❸
干潟の生き物たち
36

❹
海の生き物たち
39

❺
田んぼの役割と生き物たち
44

❻
田んぼの生き物がもどってきた
46

1章 地球は水の惑星

❶ 水の惑星の誕生

地球は、ゆたかな水に守られ、生命にみちあふれた惑星です。

地球のはじまりは、46億年前です。微惑星とよばれる小さな星くず（小天体）が衝突しあい、合体しあうことをくりかえして、原始地球が生まれました。そして衝突するエネルギーが大きかったため、原始地球は高温で、どろどろのマグマのかたまりでした。

そのとき衝突した微惑星には水分がふくまれていました。水分の多くは、熱のため水蒸気となって、地球をつつみました。やがて、微惑星の衝突は少なくなり、地表のマグマは冷えてかたまり、岩石になりました。地球をつつんでいた水蒸気も冷え、ぶあつい雲となり、やがてどしゃぶりの雨となって、大量に地球にふりそそぎました。長いどしゃぶりの年月のあと、地球に海が誕生しました。

原始地球の誕生から、数億年という長い年月の末、水の惑星とよばれる現在の地球のすがたにたどりついたのです。

水があるのは、地球だけではありませんが、地球は太陽系でただひとつ、液体としての水が確認された惑星です。最近、金星にも液体の水が流れたようすが発見されていますが、これは、まだ、調査の結果をまたなければなりません。

宇宙には水のもととなる元素がたくさんあり、どの惑星も、水をもつことができました。ただ、ちがうところがいくつかありました。そのひとつは、太陽からの距離です。太陽に近ければ、水分は蒸発し、太陽から遠すぎれば、水分は凍りついてしまいます。

また、地球の大きさ、地球をつつむ大気の存在とも深い関係があります。地球がもう少し小さかったならば、引力も小さく、水分を地球にとどめておけなかったでしょう。大気の存在も、水をとどめることに力をかしました。

距離、大きさ、大気、どれもが少しちがっていたら、誕生しなかったであろう水をたたえた海。地球が「水の惑星」として誕生するには、こうした奇跡のようなできごとのつみかさねがあったからでした。

そして、その海から、すべての生物のみなもととなる小さな生命が生まれました。いまから36億年前のことです。

長い地球の歴史のなかで、たくさんの生命が生まれ、あるものは、陸にあがり、あるものは海にとどまり、それぞれの進化をへて、地球は、人もふくめ、生命にみちた惑星になりました。

生命は、海の存在なしでは誕生しなかったし、陸上の生物たちも海がもたらしてくれる水なしでは生きられません。でも、その大切な水が、いまは、危機にあ

ります。しかも、その危機をまねいている原因は、人のくらしです。

かけがえのない、そして安全な水を、わたしたちは未来にバトンタッチできるのでしょうか。

宇宙から見た地球

❷ 地球上にはどれだけの水があるの？

　液体、氷、水蒸気もふくめ、地球上にはどれだけの水があると思いますか？

　こたえは、およそ13〜14億km³です。そして、その量は、地球が水の惑星として誕生してからずっと、ふえもせず、へりもせずに存在しています。

　地球で水をいちばんたくさんたくわえている場所は、もちろん海です。地球全体の水の約96.5％が海にあります。それがどれだけの量なのかということは、なかなかイメージができませんが、ちょっとわかりやすいように計算してみましょう。

　海が占める面積は、地球の表面積のおよそ70％です。海水の量と表面積から海の平均の深さをはかると、およそ3800mになります。富士山がすっぽりはいってしまうほどの深さです。

　また、陸や海底のでこぼこをならして、丸い球だと仮定すると、地球全部が深さ2700mの海にぐるっとつつまれているということになります。

　ただ、海水がどんなにたくさんあっても、海水の塩分はこすぎて、体内の水分をうばってしまいます。そのため、陸上の生き物たちが水分として海水を飲むことはできません。

　生活用水として、あるいは農業や工業に利用できるのは、陸地にある塩分をふくまない水、淡水です。では、淡水はどこにどれほどあるのでしょう。

　海水のほかにも、塩分をふくんだ地下水や湖の水があります。それを差しひくと、淡水は約2.5％です。

　ところが、その2.5％の淡水が全部利用できるかというと、そうではありません。そのうちの3分の2にあたる、およそ1.7％強は、利用することのできない南極大陸の氷や北極圏などの氷山・氷河、凍った地面の中にあります。

　のこりのおよそ0.8％弱のうち、ほとんどを淡水の地下帯水層（地下水）が占めます。そのうち浅いところにあって、井戸などでくみあげて利用することができる地下水は、そう多くありません。

　直接利用できるのは、おもに、地球の表面にある、川、湖、沼、池などの水です。これは、地球全体の水の量から見たら、たったの0.01％弱です。

　そのわずかな淡水が、60億をこえる人びとと、たくさんの生き物たちの生命をささえています。

■地球をいろんな角度で見ると

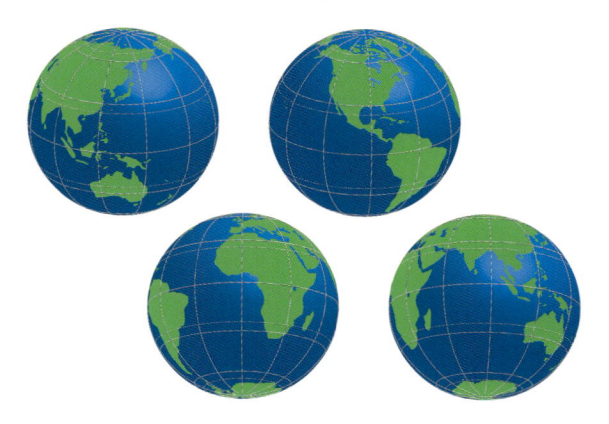

■地球上の水の量

水の種類	水分量（km³）	全水量に対する割合（％）	淡水量のなかの割合（％）
海水	1338000000	96.5379	
氷河	24064000	1.7362	68.697
地下水（塩水）	12870000	0.9286	
地下水（淡水）	10530000	0.7598	30.061
永久凍土	300000	0.0217	0.856
湖（塩水）	85400	0.0062	
湖（淡水）	91000	0.0066	0.260
土の中	16500	0.0012	0.047
沼池	11500	0.0008	0.033
河川	2100	0.0002	0.006
生物の体	1100	0.0001	0.003
大気中	12900	0.0009	0.037
合計	1385984000	100	
そのうちの淡水	35029000	2.5274	100

国土交通省「平成18年版日本の水資源」より。（南極大陸の地下水をふくまない）

河川・湖沼等
0.01%
約0.001億km³

地下水
0.76%
約0.11億km³

氷河等
1.76%
約0.24億km³

淡水
2.53%
約0.35億km³

地球上の水の量●約13.86億km³

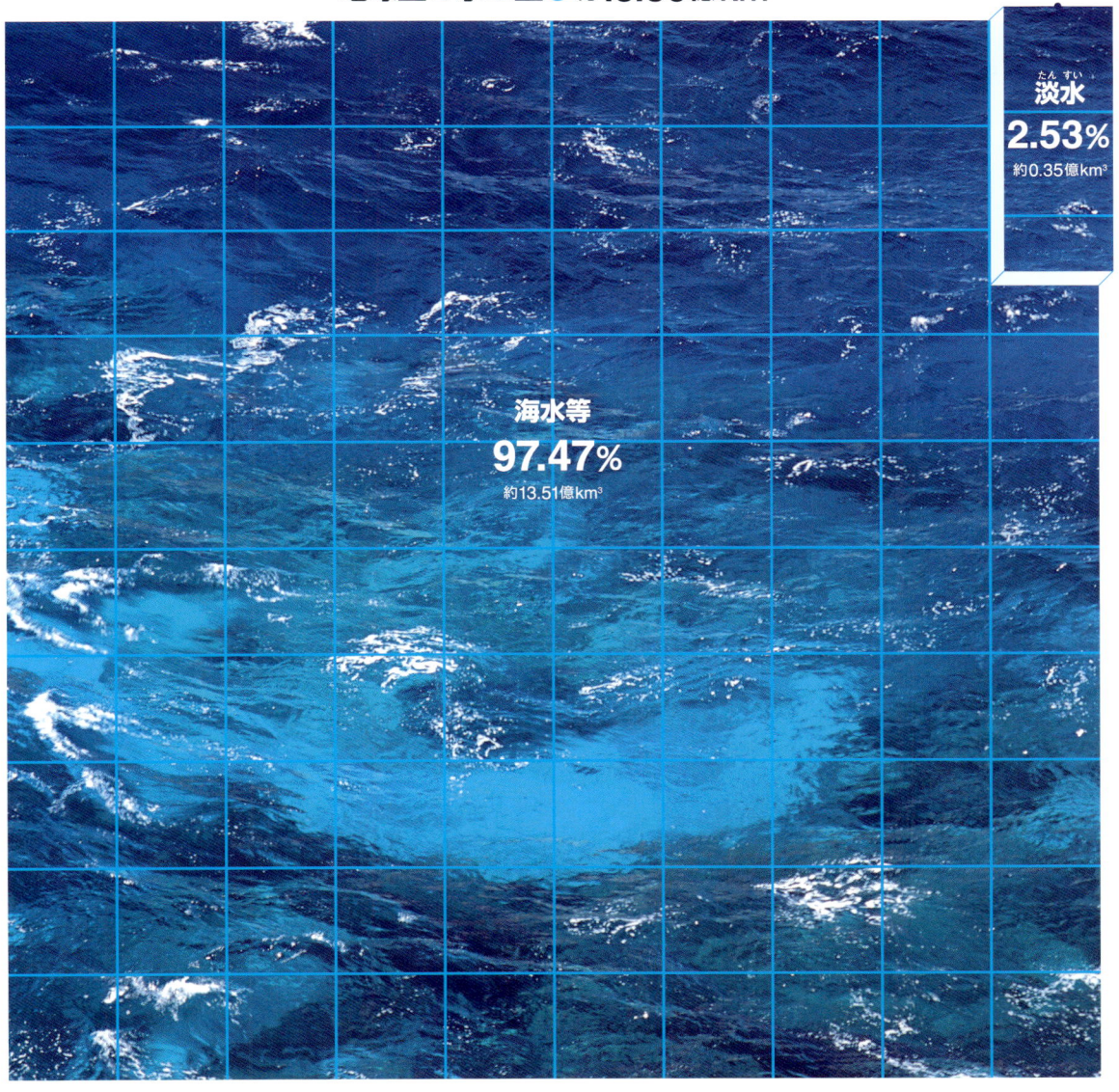

淡水
2.53%
約0.35億km³

海水等
97.47%
約13.51億km³

❸ 水は足りているの？

わたしたちに水をもたらしてくれるのは、雨や雪です。そして、ふった水の量を降水量といいます。

気象台や測候所では、雨量計をつかって、雨がどのくらいふったかmmの単位ではかります。雪の場合は、とかして水にしたときの量が降水量として計算されます。

さて、地球全体ではどれほどの降水があると思いますか。

1年間で約577000km³の降水があるといわれます。でもそれが全部水資源（つかえる水）として利用できるわけではありません。海にふる雨や雪もふくまれていますし、蒸発もします。

陸上にふる水の量は、全体のおよそ5分の1にあたる約119000km³と考えられています。でも、約72000km³はとちゅうで蒸発してしまい、けっきょく、地表にとどくのは、10分の1にもみたない、約47000km³です。そのうち45000km³が表流水として川や湖などに流れ、2000km³が地下水となります。

ところが、その雨や雪も世界中おなじようにふるわけではありません。

降水量で世界を見ると、いちばん少ないのは、砂漠で、その面積は陸地の20％を占めます。国連環境計画（UNEP）の調べでは、世界でいちばん雨が少ない砂漠は、チリのアタカマ砂漠で、1964年から2001年までの年間の平均降水量は、わずか0.5mmだそうです。

砂漠とよばれるのは、年間の平均降水量が200mm以下の場所です。

砂漠より少し雨が多くなると草原が生まれ、さらに雨が多くなると樹木が見ら

アフリカ北部に広がるサハラ砂漠。アフリカ大陸の3分の1近くを占めている。雨がほとんどふらないため、石ころと砂の大地になっている。

れるようになります。もっと雨がふるところでは、森が生まれます。熱帯多雨林のなかには、1年に5000mmをこえる雨がふるところもあります。

このように、地球の陸地にもたらされる降水量はとても不均等です。アフリカやアジアでは、利用できる水が足りなくてこまっている国や地域がたくさんあります。いまも、世界の人口の8％、およそ5億人の人びとがそうした国や地域にくらしています。

さらに、飲むことができる安全な水が手にはいるか、ということからみたら、2002年の国連の統計では、およそ11億人が水不足のなかでくらしているといわれています。世界保健機構（WHO）が推定したところによれば、世界全体を見ると、衛生状態がわるく、安全ではない水を飲み、たくさんの人がなくなっているといいます。発展途上国では、病気の80％は水が原因だといわれます。

国連では、水が足りているかどうかの目安として「家から1km以内でひとりあたり20リットルの安全な生活用水がえられる。」という基準をしめしています。

20リットルという水の量はどれほどな

熱帯多雨林。東南アジア、赤道アフリカ、中南米などに見られ、年間1000mm以上の雨がふる。

■世界の年間平均降水量(mm)

国	mm
インドネシア	2702
フィリピン	2348
ブラジル	1783
ニュージーランド	1732
日本	1718
タイ	1622
スイス	1537
イギリス	1220
インド	1083
韓国	1062
世界の平均	880
フランス	867
アメリカ合衆国	736
スペイン	636
中国	627
スウェーデン	624
カナダ	537
オーストラリア	534
ロシア	460
サウジアラビア	59
エジプト	51

■ひとりあたりの年間降水総量(m^3)

国	m^3
オーストラリア	216162
カナダ	174016
ニュージーランド	123987
ブラジル	89408
ロシア	53987
スウェーデン	31750
アメリカ合衆国	25022
インドネシア	24266
世界の平均	19636
タイ	13254
フィリピン	9310
スイス	8851
フランス	8069
スペイン	8061
サウジアラビア	6232
日本	5114
イギリス	4969
中国	4693
インド	3527
韓国	2255
エジプト	757

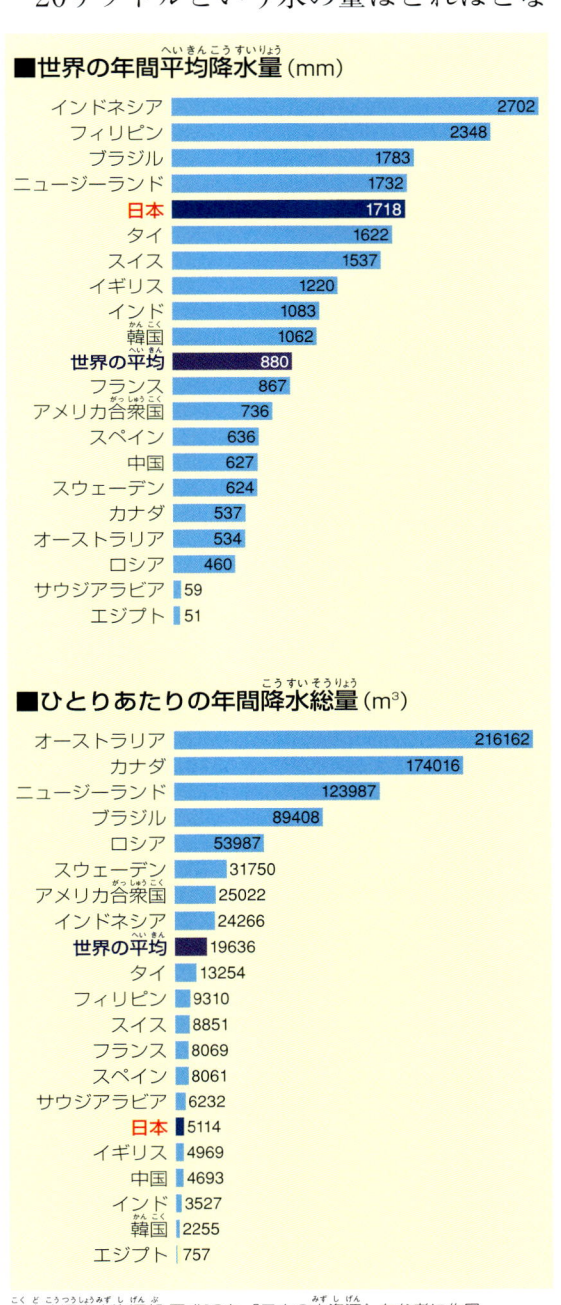

国土交通省水資源部 平成18年『日本の水資源』を参考に作図

のでしょうか？

日本人ひとりが1日につかう平均的な水の量は250～300リットルですから、その15分の1ほどの量です。

1km以内で手にはいるという条件を考えると、歩いて往復するだけで約30分かかります。何人かの家族がいれば、1日の多くの時間をつかって水を運ぶことになります。そうした地域では、水運びが子どもたちの仕事になっているところが少なくありません。そのために学校にかよう時間がうしなわれていきます。

そんなきびしい条件でも、ひとりあたり20リットルの水が手にはいったら、足りているということになるのです。

国連が基準をしめしたということは、

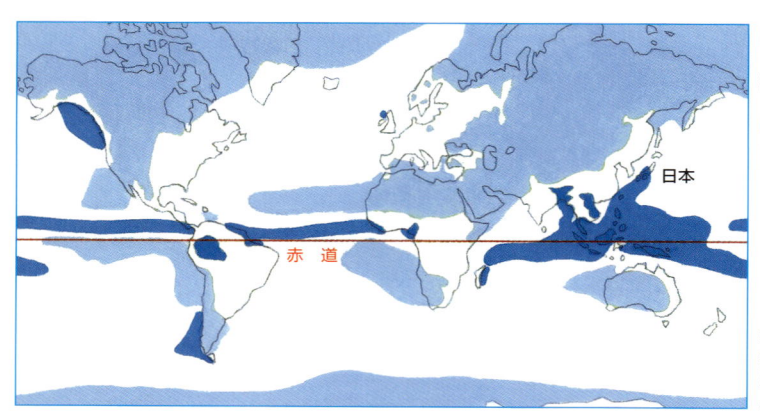

■世界の降水量

海に、ずいぶんふっていることがわかる。

■ …1年間に2000mmをこえる多いところ
■ …1年間に500mm以下の少ないところ

理科年表、UNESCO 資料（ユネスコ／1984）、論文 ECOSYSTEMS AND HUMAN WELL-BEING（出典：Millennium Ecosystem Assessment）を参考に作図。

■世界の乾燥地

理科年表、UNESCO 資料（ユネスコ／1984）、論文 ECOSYSTEMS AND HUMAN WELL-BEING（出典：Millennium Ecosystem Assessment）を参考に作図。

極乾燥　　乾燥　　半乾燥　　半湿潤

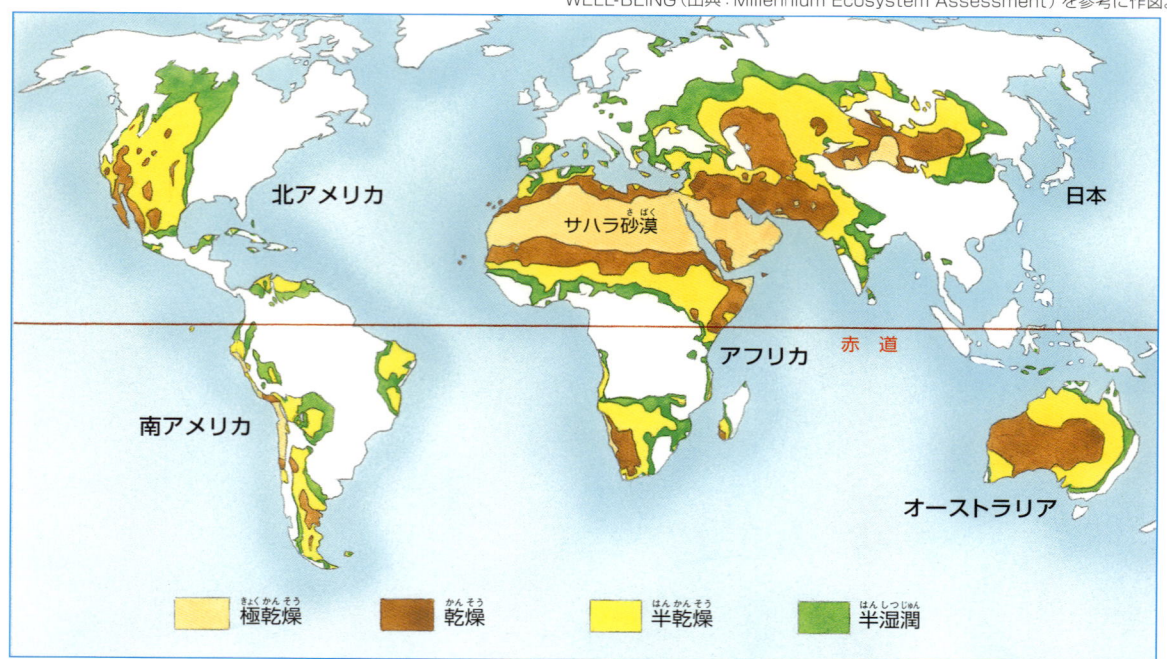

乾燥地の分け方にはいろいろな基準がある。国連教育科学文化機関（UNESCO／ユネスコ）によると、極乾燥と乾燥は自然のしくみによるもの、半乾燥と半湿潤はいきすぎた放牧や耕作が原因とされている。

それさえもみたすことのできない、水不足の地域がたくさんあるということも物語っています。アフリカでは、10リットルの水さえも手にはいらない国や地域があります。

水は、家庭でつかう生活用水だけではありません。農産物をつくるにも家畜を飼うにも水は必要です。そう考えると、生活用水の何倍もの水が必要になってくることがわかります。

いま、問題になっているのは、砂漠化です。自然のつくりだした砂漠ではなく、人のくらしが、砂漠のようになった不毛な大地をつくりだしていくことです。

燃料にするため、畑をつくるため、さらに牛などの家畜を飼うため、人が森の樹木を切っていきます。人口がふえるとその状況はさらにすすみます。ほんの何十年か前までは緑ゆたかな草原や森だったところが、かわいて不毛な土地になっていきます。砂漠化がいちばんはげしいのは、サハラ砂漠の南側の地域ですが、アジア、南北アメリカ、オーストラリアなどでも砂漠化が進行しています。

こうした土地に雨がふっても、表土をけずるだけで、くらしをささえる水資源とはなりません。ますます土地をやせさせるだけです。作物をつくり、くらしをささえる水をうしなった人たちは、その土地をはなれ、つぎの土地でも砂漠をさらに広げていきます。

国連環境計画によると、世界では毎年6万km²ずつ、こうした砂漠化が進行しているといいます。これは、日本の九州と四国をあわせた面積とほとんど変わらないたいへんな面積です。

2025年には、世界の人口は約83億人、必要な水の量は、およそいまの1.4倍になるだろうといわれています。人口がふえれば、生活用水だけでなく、ふえる人口をささえる農業や工業でも大量の水を必要とするのです。砂漠化がすすむなか、水はけっしてじゅうぶんとはいえないのです。

2025年は、そんなに遠くにある未来ではありません。そして、地球上にある水の全体量はふえることはないのです。

いま、水の問題は、世界でもっとも重要な課題とされ、21世紀は、水の世紀ともいわれています。

❹ 日本の水はだいじょうぶ？

アジア、アフリカなどの、水不足がさけばれている国や地域がたくさんあるなかで、日本の水資源は、ゆたかなのでしょうか。

じつは、日本は、世界でもとくに雨にめぐまれた地域にあるといえます。

日本の陸地にふった年間の平均降水量は1718mm、世界の平均のおよそ2倍もの雨や雪などがふっているのです。これは、おとなの男の人の背の高さとおなじくらいの高さの量です。

だからといって、「なんだ、日本は水がゆたかだから心配ないんだ。」と思うのは、早とちりです。日本は、梅雨、台風といった、自然のめぐみによってゆたかな水をあたえられていると思ってきました。降水量だけを見ると、たしかにそのとおりのように思えます。

さて、もうすこし考えてみましょう。降水量を日本の面積約378000km²でかけると、国土全体にふった水の量がでます。それを人口でわると、ひとりあたりの水の量がでます。

降水量が世界の平均の2倍でも、日本の人口を考えてください。せまい国土に約1億2693万人もの人がいます。ひとりあたりの水の量を計算すると、1年間で約5100m³です。世界の平均は、ひとりあたり約19600m³なので、世界の平均のおよそ4分の1にしかなりません。

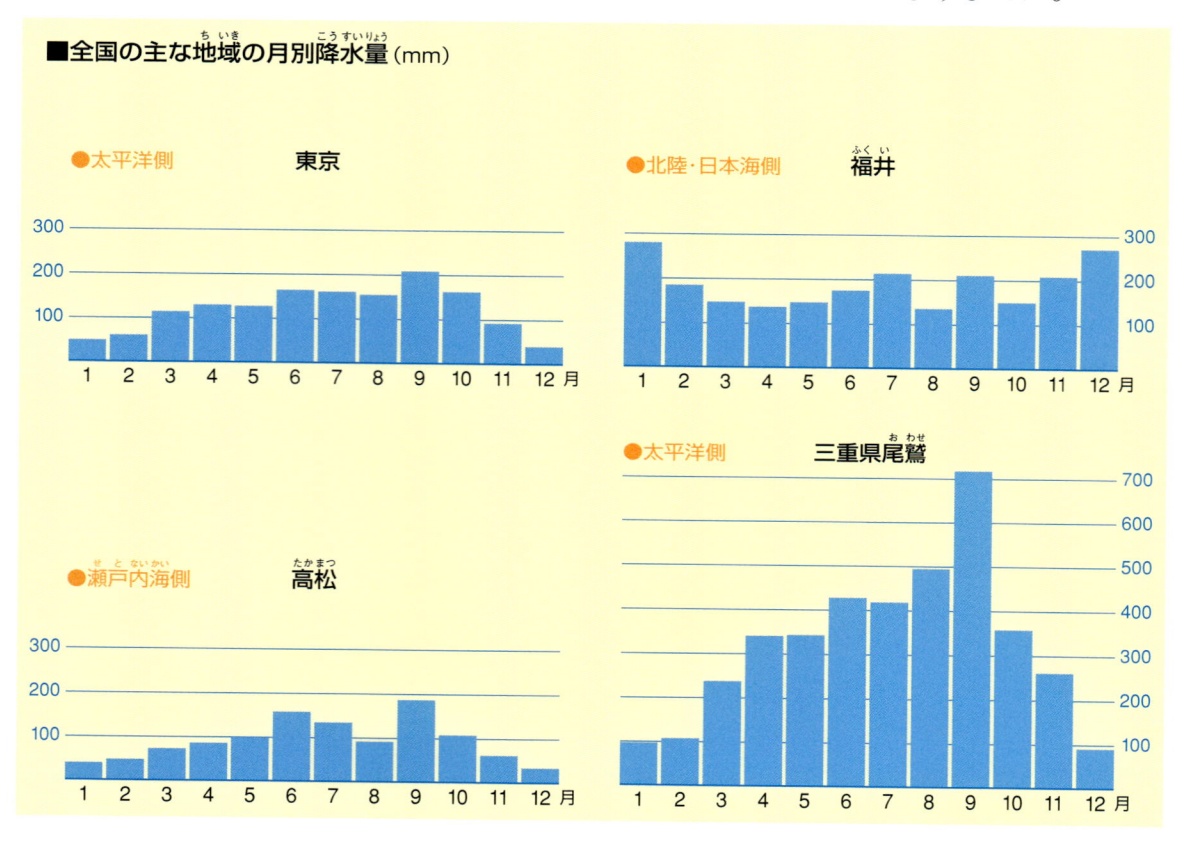

■全国の主な地域の月別降水量(mm)

●太平洋側　東京

●北陸・日本海側　福井

●瀬戸内海側　高松

●太平洋側　三重県尾鷲

とくに首都圏では平均より雨が少なく1551mmしかふりません。ところが、たくさんの人口が集中しています。ひとりあたりになおすと水の量は年間で860m³にしかならず、世界平均の23分の1ほどです。

これでは、けっして水のゆたかな国とはいえないでしょう。

また、降水量が多い地域だからといって、水資源として利用できる水は、けっして多くはありません。1年間をとおしてみると、降水量は平均していません。いつも、必要なときに、つごうよく雨がふるわけではないのです。

降水量のグラフをぐっともちあげているのは、太平洋側の地域では、梅雨、台風などで、1年間にふる雨の50〜60%になります。ちなみに、これまで日本で1日でいちばん多くふったのは、徳島県の上那賀町で、1317mmという記録がありますが、正式に記録されているものでは1968年9月26日の尾鷲市で806mmです。

これらの記録をみると、ほとんどが梅雨や台風シーズンです。しかもそうした雨は、1時間で100mmをこえるほどのどしゃぶりになることがあります。

どんなに考えても、それほど短時間で大量にふる雨をたくわえて、利用することは不可能です。

また、日本の川は、多くが本州の中央にはしる山脈を源流とするため、短く、しかも急流です。集中豪雨とよばれる、こうした雨は、ときには大洪水をもたらしながら一気に川をくだり、海に流れてしまいます。

毎年、こうした集中豪雨のニュースを聞く一方で、深刻な水不足による渇水もおきています。

よく手入れのされた森がないところでは、集中豪雨があって土石流がおきると、治山ダムもこんなすがたになってしまう。下流に大きな被害をもたらすことがある。

これまでの記録を見ると、日本の各地では、たびたび渇水がおきています。梅雨のときに水源地にじゅうぶんに雨がふらなければ、いちばん水の利用の高まる夏には水不足になります。秋になってほとんど台風がこなかったりすることも水不足をまねきます。また、北陸や東北の日本海側では、冬にあまり雪がふらないと、雪どけ水が不足し、春から夏にかけて渇水がおきやすくなります。

　とくに都市部では、人口が集中しており、たくさんの生活用水がいります。でも、地面はアスファルトやコンクリートでおおわれていて、ふった雨は利用されないまま下水に流れ、処理されていきます。雨を効率よく利用できない大都市では、渇水がおきやすくなっています。

　渇水になると、水道局では、水道水を送りだす圧力をへらしたり、給水の時間をきめるなど、つかう水の量を制限しなければなりません。それを給水制限といいます。

　そうすると、どんなことがおきるでしょう。

　20％以上の給水制限になると、場所にもよりますが断水する時間がでてきます。給水時間中でも水がでにくくなります。家庭生活に影響をおよぼすだけでなく、学校でもプールがつかえなくなったりします。

　30％以上の給水制限では、火事がおきても、じゅうぶんな消防活動ができなくなることがあります。公園や駅のトイレのなかには、つかえないところもでてきます。給水の時間でも、水がちょろちょろとしかでなくなったりします。おふろどころか、せんたくや食事づくりにも不便がでてきます。

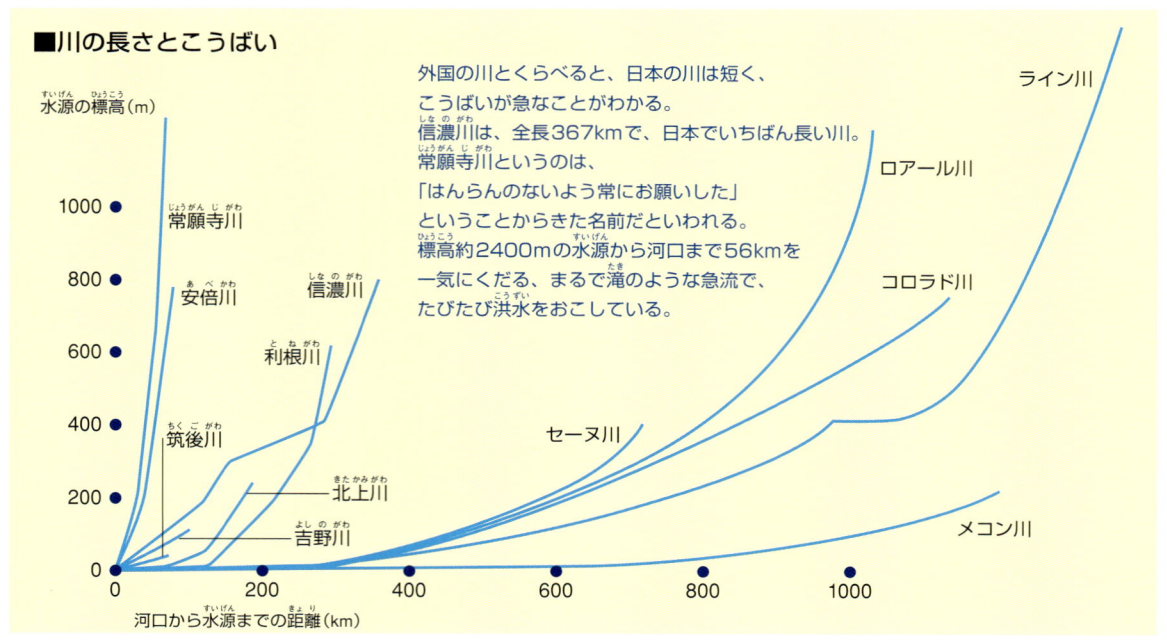

■川の長さとこうばい

外国の川とくらべると、日本の川は短く、こうばいが急なことがわかる。
信濃川は、全長367kmで、日本でいちばん長い川。
常願寺川というのは、「はんらんのないよう常にお願いした」ということからきた名前だといわれる。標高約2400mの水源から河口まで56kmを一気にくだる、まるで滝のような急流で、たびたび洪水をおこしている。

（財）日本ダム協会「日本の水とダム」より作図

■給水制限になると　　　　　　　　　これは、東京や福岡で実際におきたことです

20%以上の給水制限
- 湯わかし器の火がつきにくい
- 高台にある家で水がでにくい
- プールがつかえなくなる
- 給水時間しか水がでない

30%以上の給水制限
- 断水するところがふえる
- 公衆トイレがつかえない
- 消防の水が足りない

もっときびしくなると
- 給水車がでる
- 手術ができない

　1978年におきた福岡市の大渇水では、給水車がでて、水をくばりましたが、お米をといだり、すいじをすることさえむずかしくなって、水のある地域に避難する人もあらわれました。子どものいる家では、よごれた服を小包でしんせきに送ってせんたくをたのんだという話もありました。病院でも手術ができないところがでてきました。

　渇水がつづくと、工場などでは、はたらく時間を少なくして、生産をへらしたりしなければならなくなります。農業でも農業用水が足りなくなり、作物がじゅうぶんに成長できなくなったり、枯れたりして、大きな被害がでます。

　そんな大渇水は、めったにないし、いままで、どうにかなってきたからそんなに心配しなくてもいい。そう感じている人がたくさんいます。でも、日本では、20年ほど前からは、ひんぱんに、どこかの地域が渇水になやまされています。

　渇水は、命にかかわる被害として目に見えるものではありません。そのため、渇水がおきていても気づかず、見すごされがちです。

　日本では、際限なく、なにかをむだづかいすることを、「湯水のごとくつかう」と表現してきました。昔の人は、水はただで、いくらでもあるものと考えていたのでしょう。

　でも、じっさいは、水は際限なくもたらされるものではありません。

❺ 水ってふしぎ

雨、雪、氷、雲、霧、おなべからたちあがる湯気、はく息、みんな水でできています。水は、そのときどきの温度と圧力のちがいによって固体、液体、さらに気体へと形を変えています。

水は4℃のとき、体積がいちばん小さいという性質があります。いいかえれば、おなじ体積の水ならば4℃の水がもっとも重い、つまり、水温が4℃より高くても低くても、軽くなるということです。ほとんどの物質は温度が低くなるほど体積は小さくなっていくので、これはめずらしい性質です。

水はふつう、0℃になると凍りはじめ、氷とよばれる固体になります。そして、氷になると、その体積は約10％ふえます。つまり、おなじ体積の水とくらべると、氷のほうが軽いのです。ほとんどの物質は、液体が固体になるときには体積は小さくなるので、この水の性質もめずらしいものです。そして、これはとても大切な性質なのです。

海や湖など自然界の水の水温は、表層が大気によってあたためられたり、冷やされたりして変化します。0℃以下の日がつづくと、湖には氷がはりますが、氷は水よりも軽いので、水にういたままです。氷がはるのは表面だけです。南極や北極の海も、凍るのは表面だけで、その下の海中には、さまざまな生き物たちがくらしています。もしも氷が水よりも重かったら、できた氷はどんどんしずんで下からたまっていき、全体が凍ってしまうことでしょう。

水は表面から常に蒸発して、水蒸気とよばれる無色透明な気体になっています。気体になるとき、まわりの熱をうばいます。そして、体積は液体のときのおよそ1700倍になります。

雨でぬれた地面がしばらくするとかわいてくるのも、せんたくものがかわくの

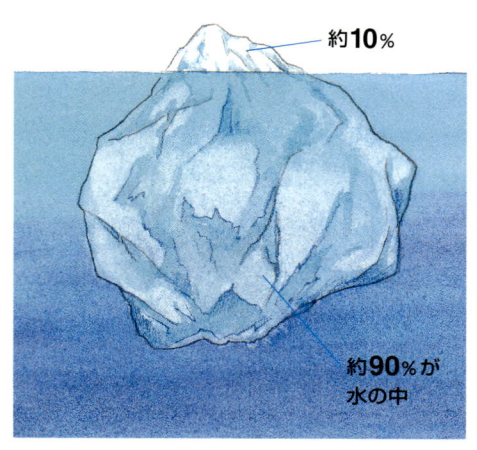

■温度と水の体積

ほとんどの物質は、液体から固体になると、体積は小さくなり、密度が増して重くなるが、水は4℃がいちばん重くなる。氷になると、約10％ふえ、そのために氷は水にうく。また、沸騰すると1723倍にも体積がふくらむ。

も、蒸発がおきているからです。コップに水をいれて、2、3日放っておくと、いつのまにか水がへっています。これも、蒸発したからです。夏の暑い日に水をまくとすずしくなるのは、蒸発するときに熱をうばうからです。

　水に熱をくわえつづけると、ふつう、100℃になるとぼこぼこあわだってきます。これを沸騰といいます。沸騰は、水面だけでなく、水の内部からも水蒸気に変わっている状態です。

　水のもっているふしぎはまだまだあります。たとえば、あたたまりにくく、さめにくいという性質は、湯たんぽなどに利用されています。

　そして、もうひとつ、とても大切な水の性質があります。

　それは、水が液体のなかで、とびぬけて、いろいろなものをとかすことができ

■水の形

湯気は見える
水蒸気は見えない

るということです。お茶やコーヒーなどは、お茶の葉やコーヒーにふくまれるいろいろな成分をとかしています。さとうをくわえれば、あまい飲み物になるし、海の水がしょっぱいのは、塩分がたくさんとけているからです。よごれたせんたくものがきれいになるのも、水がよごれをとかすからです。

　こうした、水のもっている性質は、人間の体や、地球の環境と大きなかかわりをもっています。

かわくのは、水が蒸発すること

❻ 体の中にも水がいっぱい

地球の上をめぐっている水は、水中をすみかとする生き物はもちろんですが、陸上の生き物にとっても、生命をたもつためにはなくてはならないものです。水のもつ特別な性質が、体にとって大切な役割をはたすからです。

人間の体の中の水の量は、赤ちゃんだと体重の80％以上、おとなになるにしたがって、その割合は少しずつへっていきます。おとなの男の人は約60％、女の人は体脂肪が多いぶん、少しへって55％ほどです。

そして、人間は体内の水分の約10％をうしなうと体の調子がわるくなり、20％をこえると死亡するといわれています。また、水を飲まなかったら7〜10日で死亡するといわれています。それほど、水は人間にとって重要なものです。

では、人間はどうやって水をとっているのでしょう。1日に人間が必要な水の量は2〜2.5リットルです。わたしたちは、飲料水として約1.2リットル、食べ物から約1リットル、体の中の代謝で約0.2リットルの水をとり、ほぼおなじ量の水をおしっことして体外にだしたり、息やひふから蒸発させています。

ところで、わたしたちの体重の半分以上にもなる水は、体の中のどこにあるの

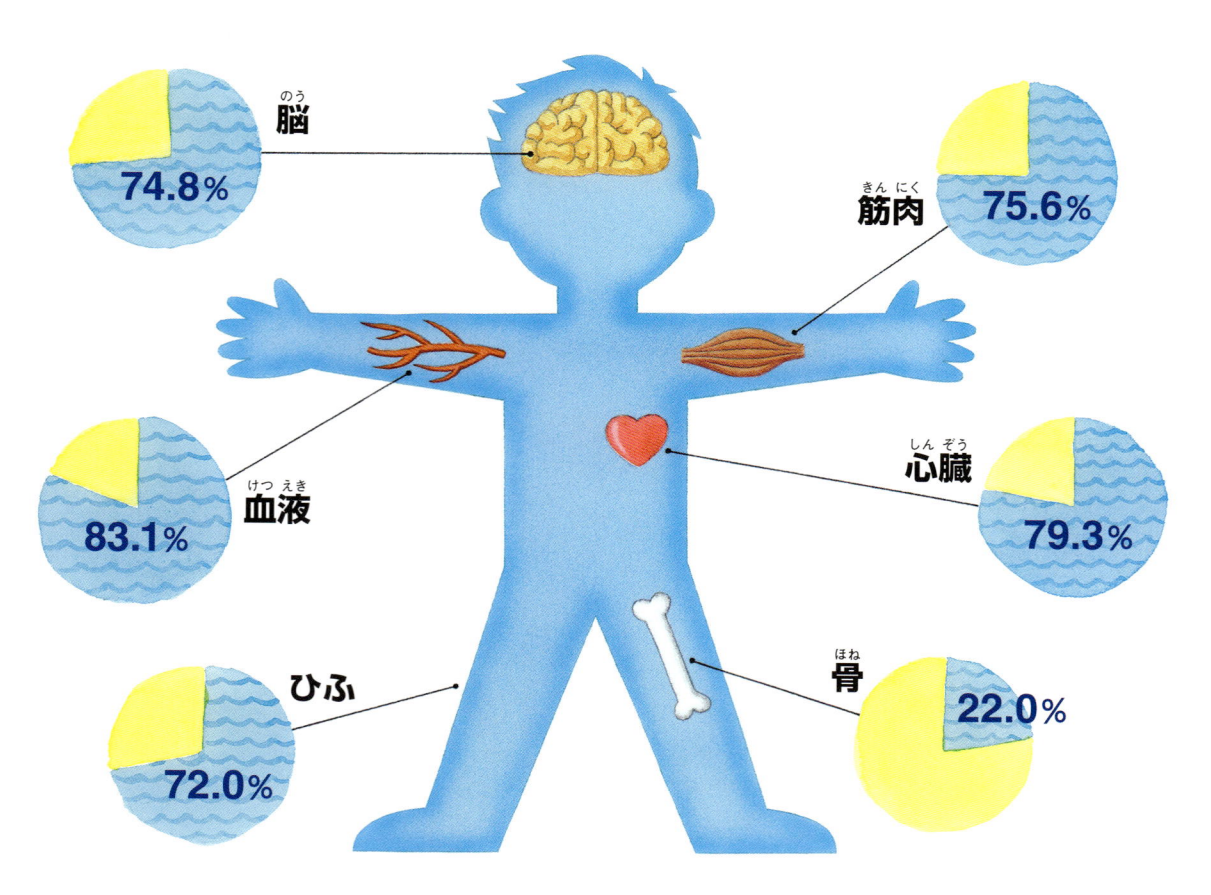

脳 74.8%
筋肉 75.6%
血液 83.1%
心臓 79.3%
ひふ 72.0%
骨 22.0%

でしょう。

　約70%は、体をつくっている細胞の中です。血液は約83%、筋肉は約76%が水なのです。人間だけではなく、多くの生き物でも、水は大きな割合を占めています。魚では体重の約70〜80%が、牛や鳥では約70%、カエルでは約80%が水です。

　水は、体の中でどんなはたらきをするのでしょう。

　水のもつ「ものをとかしこむ性質」によって、血液は栄養をとりこみ、細胞へとどけることができます。また、つかいおわった栄養（老廃物）はふたたび血液にとかして細胞から外にだします。血液にたまった老廃物は、腎臓でとりのぞかれ、さいごは尿といっしょに体の外へだされます。

　また、わたしたちは、暑い場所へいっても、寒い場所へいっても、ふつうは急に体温があがったりさがったりすることがありません。気温に左右されることなく、体温をたもつことができるので、わたしたちは、いろいろなところで生きていくことができます。これは、水の「あたたまりにくく、さめにくいという性質」とかかわっています。体の中に水が多いということが、体温の急な変化をおさえているのです。

　夏、わたしたちは、汗をたくさんかきます。汗で体の表面をぬらして、その蒸発熱で、体温の調節しているのです。暑い日に、はげしい運動をすると、汗をたくさんかいて、体内の水分がへってしまいます。そのまま、水分をとらないでいると、汗がじゅうぶんにかけず、体温の調節ができなくなってしまいます。そうした症状を熱中症といい、毎年夏になると死亡する人さえでています。

　犬が、暑いときにハアハアとはげしく口で呼吸しているのを見ます。汗のでる汗腺を足のうらなどのほんの少しのところにしかもたない犬は、息といっしょに水分を蒸発させることで、体温があがるのをふせいでいるのです。

　水のこうしたはたらきのおかげで、地球上の生き物は体を正常にたもつことができ、生きていけるのです。

❼ ぐるぐるめぐる水

　コップの水も、夏に楽しんだ海の水も、ザリガニとりをした川の水も、田んぼの水も、雲も霧も雷とやってきた夕立も、あせもおしっこさえもみんなつながった水です。そのときどきに空や地上、人の体と、寄り道をしながら、ぐるぐるめぐっている水です。

　水の旅を海から追いかけてみましょう。

　海の水は太陽のエネルギーによって、たえず蒸発し、しめった大気をつくりだします。陸上でも、地面や木々、川、湖などから、さかんに水分が蒸発します。

　海や陸から蒸発した水蒸気の一部は、上昇気流にのって、あっちにこっちに流されながら、空高くのぼっていきます。上空にいくほど気温がさがってきます。地球上ではふつう1000mにつき約6℃さがります。冷やされた水蒸気は水や氷のつぶになって、あつまり、雲になります。つぶが大きくなると、重くなって、空にういていられなくなり、地上に落ちてきます。氷がとけると雨になり、気温が低くて、とけずに成長すると雪になります。

　地上にたどりついた雨は、多くはいったん地中にしみこみ、やがて湧き水となって川に流れだします。

　冬にふった雪は、あたたかくなると、蒸発したり、少しずつとけて地中にしみこみ、やがて川に流れだします。それはちょうど田んぼに水を引いたり、農作業でいちばん水が必要な時期にあたります。

　また、川の水は工業用水として引かれ、工場で生産につかわれます。家庭用水として、水道の水がつくられるのも、多くは川の水からです。わたしたちが利用する水の多くは川からのいただきものです。

　地下水も一部がくみあげられ、田や畑などの農業用水に、また工業用水、生活

■ぐるぐるめぐる水の旅

用水として利用されます。

　こうして、水は海から空へ、そして雨や雪となって地上へふりそそぎ、空にもどったり川に流れて、もういちど海にもどるという旅をしています。

　水がひとめぐりするのは、計算によれば、およそ1年に14回といわれています。

雲　水蒸気が、空中のほこりなどについてあつまり、雲になる。雲が全部雨になるわけではなく、そのまま蒸発することもある。

❽ 森は緑のダム

　水が海から出発してぐるっとひとめぐりしてもういちど、海にたどりつくまでには、いろいろなところを通ります。そのひとつが森です。日本は、気候が温暖で降水量が多く、森が育ちやすいため、国土のおよそ67%を森林が占めています。日本の森の原点のひとつであるブナの森を歩いてみましょう。

　よく育った森の地面は、とてもふかふかしています。そして、森には真夏でも、すずしい、しっとりとした空気が流れています。

　よく見ると、大きな木の下には少し小さい木、その下にはもっと小さな木や草がはえていて、地面はいろいろな木や草の落ち葉でおおわれています。地面をさわると、しっとりしています。

　この水分はどこからきたのでしょう。

　都会のアスファルトでおおわれた道は、雨がふると、すぐに流れができて、水は排水溝へと落ちていきます。落ち葉も草もないまるぼうずの地面に落ちた雨も土をけずりながら、低いほうへと流れをつくっていきます。

　でも、森には、そんな土のけずられた流れは見あたりません。雨は、木の葉にうけとめられ、いきおいをやわらげられ、地面にとどきます。落ち葉の厚くしきつめられた地面が、スポンジのように雨をすいこんでいきます。

山形県のブナの自然林。
森がたくわえた水が、大きな池をつくっている。

　地中には、四方八方に木の根がはりだしています。幹に近い太い根から、先にある細い、糸のような根まで、いっぱいに広げ、しっかりと土をかかえこんで、流れだすのをふせいでいます。

　また、森の地面にはたくさんのすきまがあります。根によってつくられたすきま、落ち葉のあいだ、生き物たちがつくった地面の中のあななどです。雨はそうしたすきまにいったんたくわえられ、少しずつ流れだします。すぐに流れだす水もありますが、何日もかかって流れだすものや、地中深くにしみこみ、何年もか

ブナの森ではさまざまな高さの木がはえており、雨が直接地面をけずることはない。

かって、ゆっくりと、川へ流れだす水もあります。

　そのために、森を流れる川は、雨がふっても急にあふれることがありませんし、何日も雨がふらないからといって、干あがることもありません。

　もし森の木が切られてしまったら、どうなるのでしょう。

　雨はじかに地面をたたき、表土をけずって、一気に川へと流れこみます。川はあふれ、水害をもたらすことにもつながります。また、土砂くずれで大量の土砂が水とともに流れ、土石流ををひきおこすこともあります。

　森が緑のダムとよばれるのは、雨水をいったんたくわえ、少しずつ空にもどしたり、川へ送りだすしくみをもっているからです。とりわけ、ブナのような落葉広葉樹の森は水をたくわえるはたらきが大きいといわれます。

　林野庁が、日本全体の森林の土がどれほどの水をたくわえることができるかを

ブナの森では、あちらこちらで水がわきだしている。

調べて計算したものがあります。それによると、森が一時的にたくわえることができる水の量は、444億㎥で、東京の水がめ、小河内ダムの235個分になるそうです。森の水は少しずつ蒸発したり、流れだすので、その分さらに水をうけいれることができます。それを計算にくわえると、1年間に2900億㎥にもなります。

また、豪雨による災害がおこった全国の50地区1万か所で、国立林業試験場が山くずれの調査をしたところ、森林のあるところとないところでは、あきらかなちがいが見られたといいます。

木を切るのは、さして時間はかかりませんが、緑のダムづくりには、何十年もの時間と労力がかかります。でも、川をせきとめる大規模な工事もいらず、ダムのために水の底にしずむ村もなく、生き物たちのすむ場所をうばわずにすみます。そのため、「そろそろ、大規模なダムをつくることをやめよう。森をつくることを見直すことのほうが大切だ。」という考えをもつ人が多くなってきています。

落葉広葉樹の根のはりかた。しっかり地面をかかえている。

土石流のもととなった山の斜面の崩壊。ここは、斜面に植林されたスギ・ヒノキの林。木の種類によっても地面をかかえる力、保水力にちがいがある。

❾ 森と水のもうひとつの関係

よく育った自然の森には、もうひとつ、水と深い関係があります。生き物をやしなう水をつくりだすしくみがあることです。

森のつくる水は、雨水とはどこがちがうのでしょうか。

森は、毎年たくさんの葉を落としますが、落ち葉でうまってしまうことはありません。なぜでしょうか。

落ち葉でふかふかした地面をめくってみましょう。いちばん上のほうの葉は、まだ葉の形をしています。少し下になると、くずれてきます。もっとほると、葉の形はなく、小さくてやわらかく、黒い土になっています。これは、よく熟した腐葉土です。自然の状態の森では、100年かかって1cmの完熟した腐葉土をつくるといわれます。

では、その腐葉土はだれがつくったのでしょう。

木や草は太陽のエネルギーをつかって、空気中の二酸化炭素と根から吸いあげた水を原料に光合成をし、酸素とでんぷんをつくります。じぶんの体の中でそうした栄養をつくれない生き物たちは、木や草をめあてにやってきます。

虫たちが、葉、実、樹液をねらってあつまり、その虫を食べに、鳥たちがきます。木の実を食べるネズミや小動物をヘビが食べ、それをまた空からワシやタカがねらいます。

地面の中ではダンゴムシが落ち葉をか

■養分がめぐるしくみ
（物質の循環）

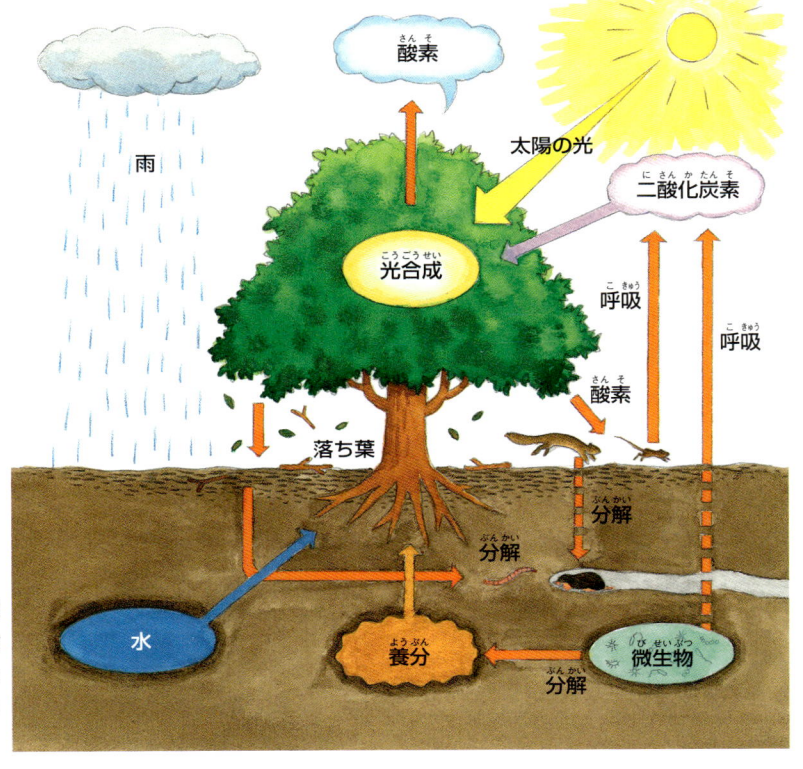

植物のつくりあげた有機物（養分）は、食べる食べられるの食物連鎖によって、生き物の体にとりこまれる。

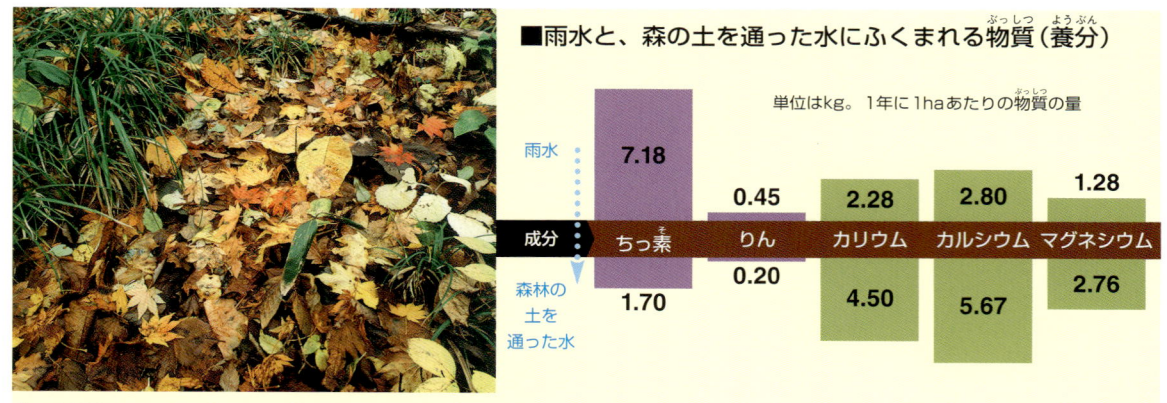

■雨水と、森の土を通った水にふくまれる物質(養分)

単位はkg。1年に1haあたりの物質の量

	ちっ素	りん	カリウム	カルシウム	マグネシウム
雨水	7.18	0.45	2.28	2.80	1.28
森林の土を通った水	1.70	0.20	4.50	5.67	2.76

森の地面にしきつめられた落ち葉。養分をつくるもとになる。

第17回国際林業研究機関連合(IUFRO)世界大会論文集 より

みくだき、小さくやわらかくなった落ち葉をミミズが食べて、さらに小さくしていきます。ミミズは土の中を動きまわり、土を食べては、ころころとしたふんをたくさんします。地上でくらしている動物たちも死ぬと、土壌生物や微生物が分解します。

こうして木や多くの生き物によって、土は養分をたくわえていきます。一部は木や草が養分としてつかい、のこりが水にとけこみ、川へと運ばれます。

このように、植物から動物や微生物、そしてまた植物へと、いろいろなものが生き物や環境のなかをめぐっていくことを、物質の循環といいます。

また、森の土は、雨がとりこんできた汚染物質を吸着させ、ろ過します。そして、森でつくられた養分をとかしこんだ水は、地下にしみこんで川へと流れだし、田や畑をうるおし、作物を育てます。

森の木も年月がたち、やがて寿命がつきる。たくさんの生き物を育て、養分を提供してきた木がこんどは、分解され、土をこやす。

❿ 川のはたらき

　森にふった雨が地面にしみこむと、その水は、少しずつ合流して沢や川になり、海へとむかいはじめます。

　海への旅のとちゅうに、水はさまざまな仕事をします。

　それは、地形をつくるということです。

　水にかかわる地形は、地面や岩をけずる浸食作用、けずったものを運ぶ運搬作用、そして運んだものをおろし積みあげていく堆積作用によってつくられます。

　さて、日本の国土のおよそ3分の2は山地です。そして、ほとんどの川は、その山地を水源としてはじまっています。そのため、川は短く流れが急です。

　山の急傾斜をくだる川の力は大きく、川岸や川底を浸食して深い谷をつくります。上流は断面で見ると、大きくけずられてVの字の形になることもあり、このような谷をV字谷とよびます。

　水の量が多いと、流れははやくなり、浸食作用も運搬作用も大きくなります。大雨で流れがはやくなったり、水かさがふえると、大きな岩でさえうきあがらせて、運んでしまいます。

　上流からの岩や石は水に運ばれていくうちに、ぶつかりあってくだかれ、小さく、丸い小石になったり、砂のようになっていきます。

　こうして、急な上流からたくさんの岩石や土砂を運んできた川は、平地にでます。すると、川の幅も広く、流れもゆるやかになって、水のいきおいもよわくなります。もう、重いものを運ぶ力はありません。そのために、上流から運んできた土砂の中から、重いものを流れのゆるやかなところに堆積していきます。そして、軽い砂や土だけが川の水とともに、さらに下流へとむかいます。

　下流になると、さらに流れはゆったりとゆるやかになります。水のいきおいがなくなり、軽い砂や土も運びきれなくなります。ここでは、ふだんの川の仕事は、もっぱら堆積です。川底は、運びきれなくなった土や砂で浅くなって、流れもほとんど感じられないほどゆったりしています。

はんらんすると、
こんな大きな岩も
軽がる運んでしまう。

27

やがて、川は海とであい、流れがなくなります。流れの中にのこっている土や砂を堆積させ、海にうけわたします。

川は地形をつくるだけでなく、森からの養分をふくんだ水を運ぶことで、人のくらしともむすびついています。

人類の歴史をきざむ文明が生まれたといわれる場所は、みんな川のそばでした。大河がはんらんし、養分をたっぷりふくんだ土地で農業がいとなまれ、その富がたくわえられて、発展をしました。世界最古の文明メソポタミア文明は、チグリス川とユーフラテス川の間の平野で、古代エジプト文明はナイル川、インダス文明はインダス川、中国では黄河や長江の流域で文明が生まれました。

大昔から、川と人のくらしとは切りはなせないつながりをもっているのです。

さて、現在のごく一般的な日本の川の利用の特徴を見てみましょう。

まず、水をためておくためのダム。これは、大きな川の上流には、たいていつくられています。ダムは、飲用水や農業用水の確保、川の水量の調節、さらに発電の役割もになう多目的ダムとしてつくられたものもあります。

ダムの水は必要に応じて放流され、川にもどされます。

中流にさしかかると、川から水をひき、小さな田んぼや畑がつくられはじめ、人のくらしがあります。ここまでは、水の利用率もさして高くありません。

さらに下流になると、平野があらわれます。ここでは、川が運ぶ養分をふくんだ水を利用して、農業がさかんにおこなわれ、たくさんの人がすんでいます。

牧場や、養豚場、養鶏場もつくられ、水がつかわれます。また、多くの人口をかかえる都市があるのも平野部です。下流にいくほど、人口もふえ、工場もたちならんできます。川の水がいちばんつかわれるところです。

田んぼから川にもどされ、工場で利用された水も川にもどされ、飲用水となった水は下水として処理され、また川にもどされます。

とくに、下流に人口の多い都市があると、源流からきた水がそのまま海にたどりつくことが少なくなります。東京の神田川では、利用され、ふたたび川にもどされた水が70％をこえるところがあります。

森にふった雨は、川にはいり、くりかえしつかわれ、人のくらしをささえています。

甲府盆地 川が平地にでて、上流から運んできた土砂で扇状地をつくる。

■上流から下流へ、川の利用

ダム
取水塔（しゅすいとう）
排水
かんがい
取水
浄水場（じょうすいじょう）
給水
排水
川
浄水場（じょうすいじょう）
取水
給水
下水処理場（げすいしょりじょう）
再生水（さいせいすい）
下水処理場（げすいしょりじょう）
海

2章 水はだれのもの？

❶── 川や池や湖沼の生き物たち

　水がつくる環境で生きる生き物も、たくさんいます。多くの生き物は水があるので生活ができ、水は、たくさんの生き物がいるために、よごれても、ふたたびきれいになることができます。

　そのため、人は川の水を利用することができるのです。

　川にいくと、鳥たちが飛んでいるのをよく見ることでしょう。鳥は、魚や昆虫、小動物、植物を食べます。鳥がたくさんいるということは、鳥をやしなうもっとたくさんの生き物や植物がいる環境だということです。

　では、川の中ではどんな生き物がいて、どんなはたらきをしているのでしょう。

　まず、森から運ばれてくる養分や、太陽の光を利用してプランクトンが育ちます。このプランクトンは、魚や、トビケラやカゲロウの幼虫など、水生動物のえさになります。

じっと水面を見て魚をねらっている若いゴイサギ。

　川で、思いつく生き物は魚でしょう。日本では、約230種類以上の川魚がいます。しかも、川の上流、中流、下流ですんでいる魚の種類や組み合わせがちがいます。その魚がすきな水温となにを食べるかなどによって、川のどこにすむのかが、変わってくるからです。

　上流は岩がごろごろしていて、流れがはやく、藻や水草があまりはえていません。そのため、上流には水生動物などを食べる魚が多く、中流から下流へいくにしたがって、水生動物も食べるし、藻や植物も食べる魚がふえていきます。上流、中流、下流と、わかれてすむことで、たくさんの種類が生きられます。

　えさのほかに、一生の生活のしかたでも、すむ場所がかわってきます。塩分をふくまない淡水でくらす種類もいます。淡水と海水がまざった汽水のところがすきな魚は河口にいます。

イシガメ。川の上流から中流にくらす。ただし、産卵は草むらなので、川のまわりに林があることが大切。

池や淡水の湖には、流れがはやいところでは生きられないメダカなどの小さな魚もいます。ずっと変化の少ないところでくらしつづけたため、特別な進化をした固有種とよばれる魚もいます。たとえば、日本一大きな湖、滋賀県の琵琶湖には日本一大きい淡水魚のビワコオオナマズをはじめ、魚だけでも10種類以上もの固有種がいます。また、海の水がはいりこむ湖には、塩分の濃度によって、それぞれの生き物がくらしています。

　川や池、湖には魚や水生動物のほかにも、貝類、カニやエビなどの甲殻類、カエルなどの両生類、カメなどの爬虫類と、たくさんの種類の生き物がおたがいに食べる食べられるの関係をつくりながら生きています。

　そして川の生き物を食べる鳥たちもあつまってきます。やはり、種類によって1年を通じてのえさや、巣づくりの場所がちがうので、上流、中流、下流ではすんでいる鳥の種類がちがっています。

　川には、川の環境のなかに食べる食べられるの食物連鎖があります。

　そして、その食物連鎖の土台となるのは、植物です。

枯れたりちぎれて川に落ちた木や草の葉は植物性のプランクトンを育てます。さらにそれを食べる動物性のプランクトン、魚やエビ、カニもあつまります。

　川岸に草や木があることも、こうした川の中の生き物にとってだいじな条件のひとつです。

　なぜなら、ほかの生き物や鳥にねらわれたりしたとき、そのかげに身をかくすことができ、また、卵を産みつける場所にもなるからです。食べられてしまう危

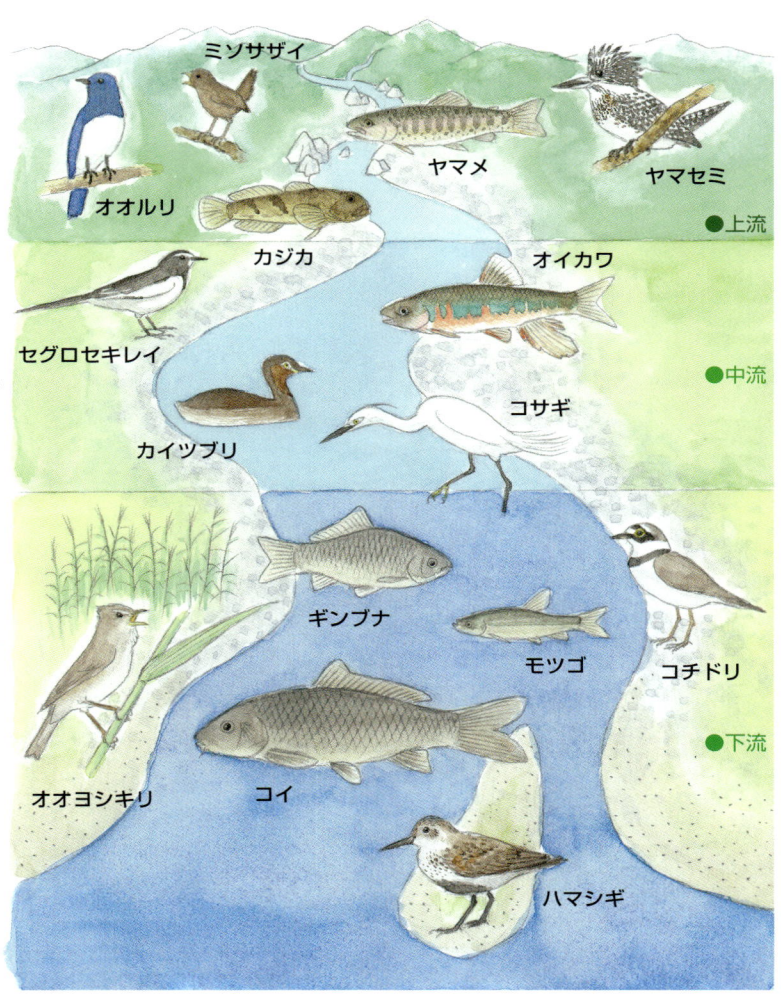

川は上流、中流、下流でようすがちがう。そのちがいですんでいる魚や鳥の種類もちがってくる。

険から身を守り、繁殖する場所があれば、生きのびることができます。

多くの種類の生き物がいることは、川のゆたかさをしめしています。

上流、下流という分けかたとはちがう、川の見分けかたのひとつに、水質があり、水質によっても生き物のすんでいる場所がちがってきます。

生き物のなかには、かぎられた環境でしか生きられないものがいます。環境が変わってしまうときえてしまう生き物は、目印（指標）につかうことができます。それを、指標生物といいます。

たとえば、水質をあらわす指標生物によって、水は「きれい」「少しきたない」「きたない」「たいへんきたない」に、大まかにわけられます。

■食物連鎖

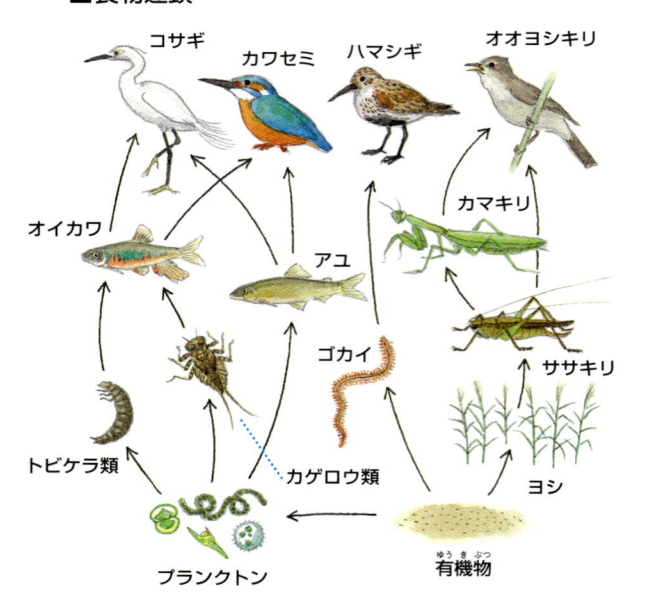

コサギ　カワセミ　ハマシギ　オオヨシキリ

オイカワ　アユ　カマキリ

トビケラ類　カゲロウ類　ゴカイ　ササキリ

プランクトン　ヨシ　有機物

プランクトンから鳥まで、生き物の関係は食べる食べられるの食物連鎖でつながっている。

ただ、どの生き物も、じぶんにあった環境で生きているだけで、「きれい」な水質の指標生物が清潔で、「たいへんきたない」水質の指標生物が、きたないということではありません。よごれのもととなっているものを食べて生きている生き物もいるということです。これらは、自然にとっても人にとっても、必要な、そして大切な存在なのです。

川には、人間が手をかさなくても、よごれをきれいにできる力があります。その仕事をしてくれるのが、微生物です。水中の石や植物の表面についている微生物は、川のよごれをどんどん食べて分解してくれます。微生物が分解したものを植物は根から吸収しています。しかし、微生物が分解できない薬品や重金属、たくさんのよごれがはいってきてしまうと、微生物は死んでしまいます。そうなると、川はさらによごれていきます。

川にすむ生き物たちのだすよごれは、ふんや食べ残し、死がいなどの有機物です。これらの有機物の量がちょうどよければ、それは栄養とよばれ、水中の微生物によって食べられ、分解されます。

微生物によって分解されないほど、たくさんの有機物が水中にあれば、それはよごれとよばれます。

川の中で、有機物が必要なだけ生産され分解され、生産—消費—分解のバランスがとれていることが、健康な川の条件といえるでしょう。

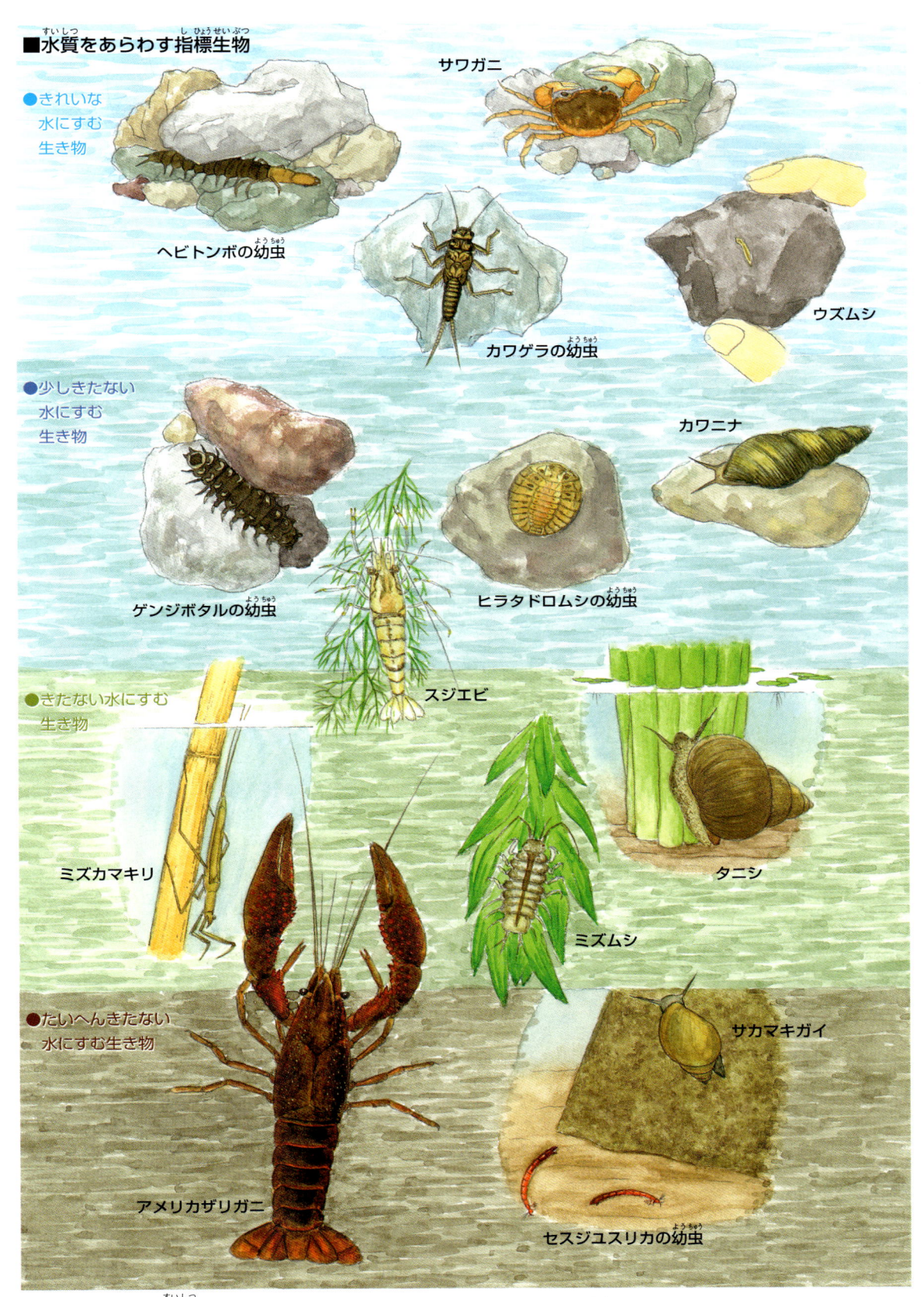

■水質をあらわす指標生物

●きれいな水にすむ生き物

ヘビトンボの幼虫
サワガニ
カワゲラの幼虫
ウズムシ

●少しきたない水にすむ生き物

ゲンジボタルの幼虫
スジエビ
ヒラタドロムシの幼虫
カワニナ

●きたない水にすむ生き物

ミズカマキリ
ミズムシ
タニシ

●たいへんきたない水にすむ生き物

アメリカザリガニ
セスジユスリカの幼虫
サカマキガイ

小さな生き物は、水質がかわっても、なかなかすみかをかえることはできない。

❷ 川を変えてしまうと

　人は、大雨のたびに川からあふれだす水になやんできました。人が死んだり、家や田畑が水びたしになったり、せっかくつくった稲が水でおしたおされ、収穫がへるからです。

　そこで、人は川をつくりかえてきました。上流には、ダムをつくり、流す水の量を調節するようにしました。大雨で、水がいきおいよく流れても、川のふちがこわれて水があふれでないように、川の岸を高いコンクリートの堤防でかためました。

　また、水があふれる前にできるだけはやく海へ流すために、川が曲がっているところはまっすぐにし、川の底も、でこぼこがないように、コンクリートでかためました。

　しかし、コンクリートでかためられた水辺には植物もはえません。生き物のえさも少なく、休んだり卵を産んだりする場所もなくなって、すみにくい環境になってしまいます。

　そこで、最近は、川を復活させようという動きがでてきました。これまでのようなコンクリートだけではなく、自然の石をとりいれたり、生き物がくらしやすいよどみをつくるようにつくりかえることがおこなわれています。

　水ぎわに水生植物や柳などの木を植えて、水生昆虫や魚などが休んだりすがたをかくすことができる場所、卵を産む場所をつくることもあります。

　こうした生き物のゆたかな、健康な川をとりもどす動きがあるなかで、もうひとつ、大きな問題があります。それは、外来種の問題です。

　外来種は、もともとその地域にいなかった生き物で、人が外国やほかの場所からつれてきて、放したりしたために、野生化してすみついているものです。

　その影響で長い年月をかけて、生態系をきずきあげ、川や池のバランスをたもってきた生き物たちのなかには危機におちいっているものもいます。

　池や湖にすむ外来種で、影響が大きいといわれているのが、オオクチバス（通称ブラックバス）とブルーギルという魚です。釣りを楽しむために、外国からつれてきて、日本の川や池に放されました。天敵がいないために、ふえすぎて、ほか

オオクチバス　湖や沼、ゆるやかな流れの川にいる。肉食性で、他の魚の稚魚や卵だけでなく、じぶんの体長の半分ほどもある魚まで食べてしまう。そのため、もともといた魚たちがほろんで、生態系のバランスをくずしてしまう危険がある。

の魚を食べてしまうので、このままでは、もともといる日本の魚のなかにはほろびてしまうものがでてくると、心配されています。

2004年には「外来生物法」という法律がつくられ、外来種で、とくに日本の環境にわるい影響をあたえそうな生き物は、飼うこと、外国から輸入すること、むやみに移動することや野外に放すことが禁止されました。

生き物たちは、長い年月をかけて、ちょうどよいバランスをつくりあげています。

人間のつごうで川の形を変えたり、新しい種類がはいってきて、どれかがふえすぎたり、ぎゃくにほろびたりしてしまうと、その関係がくずれてしまい、ほかの生き物にもわるい影響がでてきます。そうしたことをさけるために、川や池をつくり変えるときには、いろいろなことを調べて、影響を考えなくてはなりません。

◀神奈川県横浜市栄区いたち川。生き物がすみやすいようにつくりかえられた。このような工事は多自然型川つくりとよばれる。

以前のいたち川。両岸をコンクリートでかためられ、川底もたいらにされ、生き物がすみにくくなっていた。

❸ 干潟の生き物たち

　干潟は、海と陸をつなぐ場所です。潮がみちると浅い海になり、潮が引くと陸になります。春になると、わたしたちが潮干狩りをたのしむ場所、そこが干潟です。干潟ができるのは、河口や湾の中や入り江の、波のおだやかなところです。

　干潟には、満潮になると、海のプランクトンが潮にのってはいってきます。水といっしょに川が運んだ養分も海のプランクトンを育てます。プランクトンだけではありません。干潟は、ただ泥が広がっている場所のようにしか見えませんが、じつはたくさんの生き物がすんでいます。

　泥の中では、まず、川が運んできた有機物（養分）を微生物が分解します。分解された栄養は藻などの植物を育てます。微生物や藻が多い泥は、泥の中にもぐってくらすゴカイや貝などの底生動物や、さらに大きな生き物であるカニたちをふやします。

　底生動物は、泥の中を動きまわり、トンネルをほったり、あなをつくっていきます。そうすることで、泥はかきまわされ、酸素がゆきわたり、さらに底生動物をふやします。底生動物は泥や水の中の有機物をせっせと食べて、養分（有機物）の多い水をきれいにしていきます。たとえば、アサリ1個は1時間でバケツ1杯分の水をきれいにするともいいます。

　干潟は、自然のつくった巨大な浄化装置なのです。

　もうひとつ、干潟の動物とともに水をきれいにするものがあります。それは、干潟のまわりにあるアシ原です。川は養

潮が引きはじめると、さっそく鳥たちがやってきて、干潟のごちそうをねらう。

干潟の浄化のいちばんのはたらきものアサリ

浜でふ化したウミガメのあかちゃん。海にむかって歩きだした。

カニたちも泥をこしとって、干潟の浄化に一役かっている。

分ばかりではなく、葉っぱや草、ゴミも運びます。びっしりとはえたアシは、それらをひっかけて海へでるのをふせぎます。葉っぱや草は、アシ原にいるカニのえさになったり、泥にまじってアシの栄養になります。

　干潟やその周辺には鳥もたくさんくらしていて、潮が引きはじめると干潟におり、底生動物をねらってさかんに泥をつつきます。さらにその鳥をねらって、ワシやタカのなかまが上空を舞います。

　また、何万kmも旅をする渡り鳥たちも干潟にやってきます。秋にはガンやカモ類が北からやってきて、春に繁殖地にもどるまでをすごしていきます。春と秋にはシギやチドリがやってきて、たくさんの貝などの底生動物を食べて、栄養をたくわえ、目的地に向けて旅だっていきます。シギやチドリは北極圏と東南アジアやニュージーランドを往復するものまでいます。

　日本の干潟はその旅の中継地になっています。干潟でじゅうぶんな食べ物がとれなかったら、目的地にはたどりつけません。干潟は渡り鳥の大切なレストランです。

　このように干潟には大切なはたらきがあり、水の浄化にとっても、多くの生き物にとっても、重要な場所です。

　しかし、そうした干潟の役割がわかるまでは、役にたたない土地として見られていました。しかも、浅くてうめたてや

すいために、日本ではつぎつぎとうめたてられて、約40％の干潟がうしなわれてしまいました。

そして、現在も、干潟のうめたてはつづいています。干潟をうめてしまうことは、海にも影響をあたえ、それまでそこにいた生き物がすめない海にしてしまいます。

その一方で、世界的にも、干潟の大切さは認められるようになりました。多くの国が協力して渡り鳥や水辺を守る「ラムサール条約（特に水鳥の生息地として国際的に重要な湿地に関する条約）」が、1971年にできたのです。

日本は1980年に締約国となり、2005年11月で33か所の干潟や湖、沼や湿原が登録されています。

■鳥たちの渡りのルート

■有明海の干潟

日本の干潟の約40％があるといわれる九州の有明海。農地をつくるために、1997年、諫早湾を堤防でしきり、干拓がはじまった。その影響で、潮の流れに大きな変化がおき、生物への影響の調査が市民団体や大学、国によってつづけられている。
有明・八代海海洋研究センター作成図より

シギたちも遠くから渡ってきて、羽をやすめ、たっぷり食べてまた、目的地にむかう。

❹ 海の生き物たち

　ものをとかし、運び、川や池、干潟をつくってたくさんの生き物のすみかやえさをつくりだすことにかかわった水は、さいごに海へ注ぎます。

　海は、地球上の水が、もっともたくさん集まる場所です。海底は陸地に近い浅いところから、1万mをこえるような深い谷があったりと、変化にとんでいます。

　また、海水の流れには、暖流と寒流があって、地球の上を大きく動いています。そうした地形や水の流れで、さまざまな環境がつくられ、またその環境に適応した生き物がすんでいます。

　生き物たちは、広い海に、まんべんなくいるのではありません。多くは陸地に近くて、かくれる場所もたくさんある場所にあつまってきます。深さ200mくらいまでの浅めの海を大陸棚とよびます。大陸棚は陸地に近く、川からの養分（有機物）も流れこんでいるので、それを利用するプランクトンが多く、魚のえさも豊富です。

　大陸棚では、川から運ばれてきた栄養や大気からとけこむ二酸化炭素を利用し、植物性プランクトンが成長します。植物性プランクトンは、光合成で、酸素をつくるとともに、動物性プランクトンのえさとなり、プランクトン全体でさらにいろいろな生き物をやしないます。

　とくに、暖流と寒流がぶつかる三陸沖

■日本の近くを流れる海流のようす

暖流（━）は気温をあたため、寒流（━）には魚のえさとなるプランクトンがたくさんいる。

などは、遠い海からのプランクトンもたくさん運ばれてくるので、漁業資源となる魚があつまり、よい漁場にもなっています。

　海の深さによっても、すむ生き物の種類はちがってきます。

　コンブなどの海藻やアマモなどの海草がはえて、森のようになっている藻場も、さまざまな生き物がすみかにする場所です。えさが豊富で、身をかくすことができるうえ、波をやわらげてくれるので、魚にとって、安心して卵を産める場所であり、稚魚が育つ場所にもなります。

　同じような役目をはたすところに南の海のサンゴ礁があります。ここでも、数えきれないほどたくさんの種類の生き物がすみ、生きた造礁サンゴを中心に、特別な関係をつくってくらしています。

　サンゴは動物で、植物性プランクトンを体内にすまわせ、昼間はその植物性プランクトンが光合成でつくる栄養を利用し、夜は海中にただよう動物性プランク

トンをこしとって食べています。サンゴ礁には、サンゴを食べる魚のほかに、サンゴについている植物性プランクトンを食べる魚もいます。サンゴを敵から守ってくれるカニもいます。そんな小さな生き物や魚をねらって、大きな魚もやってきます。

海には、季節の変化にあわせて、広い範囲を移動する生き物もたくさんいます。その移動を回遊といいます。びっくりするくらい遠いところへ回遊する生き物もいます。カツオやマグロは、黒潮にのって、太平洋の南側から、日本の太平洋沖まで回遊してきます。

卵を産むために回遊する生き物もいます。たとえば、日本の川にいるウナギは、

アマモ（上）と、海藻（下） 海草や海藻がしげっているところには、魚やカニ、エビがたくさんいる。

生きたサンゴ群体がはえるサンゴ礁の周辺には、たくさんの生き物たちがいる。

なんとフィリピン沖の深い海までいって卵を産みます。絶滅危惧種のアカウミガメのうち、北太平洋にすんでいるものは、卵を産むために日本の海岸へやってきて、かえった子ガメはアメリカの西海岸やハワイで育ちます。

広い海を、行き来する生き物は、海の渡り鳥のようです。生き物の回遊ルートについてはまだわからないことが多く、研究がつづけられています。

深い海の底にも、生き物はすんでいます。特殊な環境なので、ふだん、わたしたちが見るような生き物とはちがう形をした生き物も多くいます。

人間は、大昔から海を利用して生きて きました。魚やエビ、カニなどのほかにも海藻や塩など、海からたくさんの食べ物をいただいてきました。とくに、まわりを海にかこまれた日本人のくらしは海とはきりはなせません。

しかし、いま、海の生き物がへってき

■魚の回遊

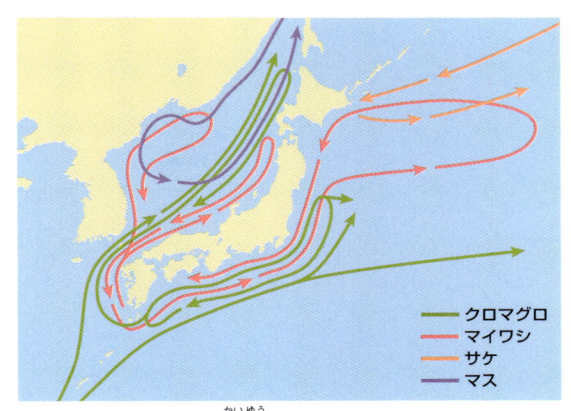

クロマグロ
マイワシ
サケ
マス

魚は種類によって、回遊の道すじがちがう。

伊豆、小笠原諸島の魚たち。海の中でも深さによってすんでいる魚がちがう。

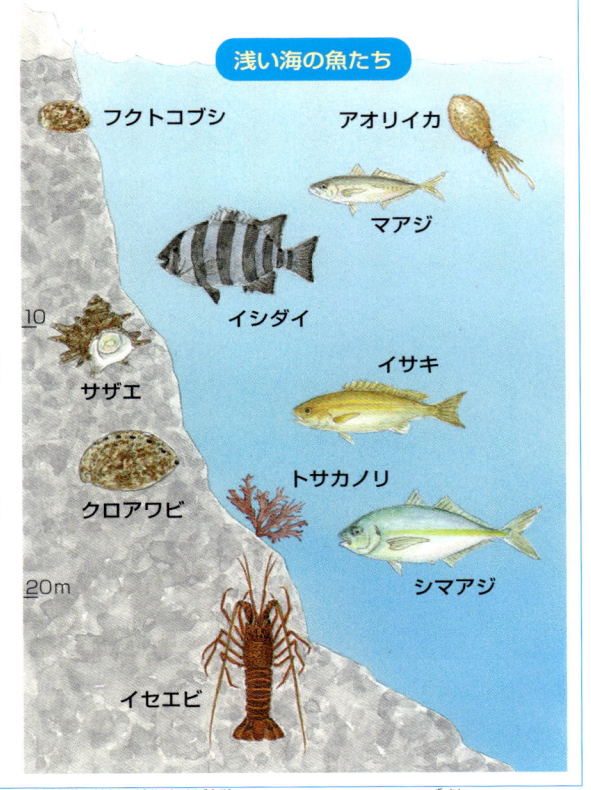

沖あいの魚
トビウオ
カツオ
マカジキ
マダイ
マサバ
カンパチ
クロマグロ
ムツ
キンメダイ

浅い海の魚たち
フクトコブシ
アオリイカ
マアジ
イシダイ
サザエ
イサキ
クロアワビ
トサカノリ
シマアジ
イセエビ

東京都水産試験場（現在の東京都産業労働局島嶼農林水産総合センター）「東京おさかな図鑑」を参考に作図

ているといわれています。へっているといっても、海にいる魚たちの数がどれほどなのかということはなかなかわかりません。でも、漁獲高の変化を見ると、少しわかります。1985年くらいまでは、毎年漁獲高がふえています。これは、モーターや魚群探知機などといった機械が発達して漁業の方法が進歩してきたためでしょう。

しかし、その後、漁業の方法は進歩しているにもかかわらず、漁獲高がおちています。これは、魚がへっていることが原因のひとつだと思われます。

海辺の開発や海の汚染にくわえて、これまで、魚をとりすぎたのです。魚がふえる量より、魚をとる量が多くなってしまったと考えられます。

また、魚をとるときに、網やつりばりに、ねらった魚ではない生き物までつかまってしまうこともあります。これも、海の生き物をへらすことになってしまいます。数がへっているウミガメやクジラなどがかかったら、生きているときには海へ放しています。しかし、網にかかったまま水中にいる時間が長くなると、息ができずに死んでしまいます。

わたしたちは、いまも、多くの食べ物を海からいただいています。でも、そのことが海の生き物の生態系をこわし、絶滅する生き物をふやしているとしたらどうでしょう。ゆたかな海をうしなわないためには、少しでも海の生き物にめいわくをかけない工夫を考えなければなりません。

海をゆうぜんと泳ぐウミガメ。

水中にすむほ乳類のイルカ。イルカも網にかかって死んでしまうことがある。

　海の中には、どのくらいの種類の生き物がいるか、まだはっきりとはわかっていません。謎がたくさんあります。まだ発見されていない生き物がいて、それが、大切な生き物のつながりをつくっているかもしれません。気がつかないうちにそうした生き物をほろぼし、バランスをくずしてしまえば、やがて、人は、めぐみの海をうしないます。

　また、世界中の海はつながっているので、生き物は国境をこえて移動していきます。海の環境を守るためには、ひとつの国だけでは解決しないこともあります。そのためには、世界の国ぐにが協力することも必要です。人が海をよごしたり、魚をとりすぎたりすると、知らないうちにバランスをくずしてしまうかもしれないのです。

　もうひとつ、海にはわすれてはならない、大きな役割があります。それは、地球を安定した気候にたもつことです。海水はたえず流れをつくって地球をめぐっています。あたたまりにくく、さめにくい性質をもつ水がたえず循環することで、海水温も地球の気温も激しくかたよったり変化することをふせいでいます。

　こうしたはたらきがつくる安定が、たくさんの生き物たちが生きられる環境をつくりだしているのです。

　その環境のもとで、生き物たちの食物連鎖ができあがります。まずいちばんのもとになるのは、植物性プランクトンです。海中のちっ素やりんを栄養としてふえ、海の生き物たちの大切なえさになります。プランクトンの死がいは海底へしずみます。そこで、微生物にちっ素やりんに分解されます。そのちっ素やりんは、海底が、海流や風で大きくかきまわされると、水面近くへあがってきます。そして、ふたたび、プランクトンの栄養となります。この循環がとまってしまうと、生き物たちはえさをうしない、生きられなくなってしまいます。

　生き物たちが、バランスをたもって存在することが、また、海をよい状態にしています。海と海の生き物たち、そして、人間も、もちつもたれつの関係にあるのです。

❺──田んぼの役割と生き物たち

　日本には主食のお米をつくるために、稲を育てる、たくさんの田んぼがあります。田んぼには、昔からの長い時間をかけて、水を中心に生き物と人がつくってきたつながりができています。

　田んぼは、人の食べ物となるお米をつくるだけではなく、ほかのたくさんの生き物のすみかであり、レストランにもなっています。

　また、ダムのように水をたくわえるはたらきをもっています。

　全国の田んぼがたくわえている水の量をあわせると、約44億m³にもなります。これは東京ドーム3500個をみたす量になります。大雨のときに、田んぼに水がたまりすぎると、稲がたおれてしまいますが、かわりに、洪水をへらすことができます。

　平地だけではなく、山の急な斜面にも田んぼがあります。何枚もつづいて段になっている田んぼは、「棚田」とよばれます。棚田は、土砂くずれや下流の洪水をふせぐ大きな役目をはたしています。

　いま、こうした棚田の役割や風景の美しさが見なおされはじめ、棚田をのこしていこうとする取り組みもはじまっています。

　田んぼはまた、たくさんの生き物を育てる場にもなっています。田んぼには、森からの無機物や有機物がとけた水が流れこみ、稲を育てる養分になります。

　田んぼの土にすむ微生物は、水の中の有機物を無機物に分解して、稲が栄養としてつかえるようにします。また、この栄養は、植物性プランクトンを育て、それをえさとする動物性プランクトンも育てます。これらのプランクトンは、オタマジャクシやメダカなどのえさになり、それらを食べるカエルやヘビもやってきます。稲には、その葉を食べるイナゴやウンカのような昆虫もやってくるので、クモやカマキリなど、昆虫をえさにする生き物があつまるところにもなります。また、これらすべての生き物をえさにで

■農業でつかわれる水の割合

▼用途	1975年	1980年	1983年	1989年	1995年	1996年	1997年	1998年	1999年	2000年	2001年	2002年	2003年
水田へかんがい	560	565	562	559	555	559	556	554	546	539	532	529	525
畑へのかんがい	7	11	18	22	25	26	27	28	29	29	27	27	28
畜産用水	3	4	5	5	5	5	5	5	5	5	5	5	5
合計	570	580	585	586	585	590	589	586	579	572	564	560	557

単位は億m³／年。

国土交通省「平成18年版 日本の水資源」より。使用量は推定。※数値は四捨五入。

斜面にひろがる棚田。水をため、土砂が流れることもふせぐ。

きるのは、鳥たちです。健康な田んぼは、鳥たちにとってもすみやすい生息環境になるのです。

　田んぼに生き物がくれば、そのふんや死がいも落ちます。落ちたふんや死がいは、微生物たちが食べて、田んぼの養分に変えてくれます。たくさんの生き物があつまるということは、田んぼの土がこえることになるのです。

　稲を育て、生き物を育て、水をためるダムにもなる田んぼですが、いま、後つぎがなく米の消費もへって、休耕田のまま放置されているところもでてきています。でもその一方で、農薬をつかわずに生き物たちと共存できる田んぼづくりにとりくむ人たちも、でてきています。

農薬をつかわない田んぼからは、トンボもたくさん羽化する。

希少な生き物になってしまったトウキョウダルマガエル。

❻ 田んぼの生き物がもどってきた

　日本の経済が成長するのにあわせ、山の木が切られ、農業も変わりました。田んぼではたくさんのお米をとるために、効果がすぐにでる化学肥料をいれたり、雑草や害虫がふえないように農薬をまくようになりました。

　そのために、微生物や、プランクトンが死んでしまい、それを食べていた生き物たちも少なくなり、水をきれいにするはたらきも小さくなってしまいました。食物連鎖のいちばんもとになっている生き物が少なくなると、それを食べる生き物は生きていられなくなります。そして、とうとう、大型の鳥に大きな影響がでてしまいました。その象徴がコウノトリです。かつては、農村のどこでも見ることができた鳥です。

　日本で最後の野生のコウノトリがいたのは、兵庫県の豊岡市です。ここでは、現在人工飼育したコウノトリを、自然へもどすプロジェクトがはじまっています。コウノトリが生きていくためには、育てた鳥を放すだけでは成功しません。

　放された鳥が自分でえさを食べられるように、えさとなるカエルなど、田んぼの生き物がふえることも大切です。そこで、豊岡市を中心にまわりの田んぼでは、「コウノトリを育む農法」をすすめています。できるだけ、農薬をへらし有機肥料をつかうことはもちろん、水のつかいかたにも気をつけています。ふつうは、水をぬく冬のあいだに、水をはります。これまでは、田植えがおわった6月には田んぼの水をおとしていたのですが、稲の育てかたを工夫し、オタマジャクシがカ

豊岡市で。田んぼにやってきたコウノトリ。田んぼでえさをさがしている。

冬にはコハクチョウもやってきた。

エルになる7月終わりまで水をはるようにしました。

この農法をするようになって、ふたたび生き物がもどってきました。

農薬をつかわないお米を食べたいという人もふえ、農薬をへらしたり、つかわないように工夫をしながら稲を育てるところがふえています。

農薬をつかって雑草や害虫をとりのぞくかわりに、アイガモを田んぼに放して、雑草や害虫を食べさせる方法も広がっています。

農薬や化学肥料をつかわないということは、農薬や肥料からの化学物質がとけこんだためにおこる水の汚染をふせぐことにもなります。

森からのめぐみが川によって運ばれ、その水を利用し、人は、何百年もお米をつくってきました。おなじ場所で毎年おなじ作物がとれるのは、じつは、とてもすごいことなのです。それができるのは、田んぼが水のはたらきを取り入れた自然のしくみで成りたっているからです。

田んぼで農薬などをたくさんつかうと、森から川へ、そして田んぼへと、たくさんの生き物をやしなっていた水のはたらきは、絶たれてしまいます。

人は自然のしくみを利用して、生きてきました。ゆたかな生態系をつくりあげる水の循環のしくみをうまく利用できれば、水はこれからもめぐみをもたらしてくれるのです。

生き物がもどった田んぼで、生き物調査がおこなわれた。

アイガモは田んぼの中を泳ぎながら、稲につく虫や田んぼにはえる草を食べる。この農法はアイガモ農法とよばれている。

著者　　岸上祐子（きしかみ ゆうこ）
　　　　高校教職員、団体職員、出版社勤務などを経て、現在フリーの編集者・ライター。社団法人
　　　　生態系トラスト協会理事。著作に「ヤギの見る色どんな色？ 実験240日の記録」（ポプラ社）、
　　　　「つながるいのち─生物多様性からのメッセージ」（共著・山と渓谷社）。

　　　　嶋田泰子（しまだ やすこ）
　　　　フリーの編集者・ライター。「ブナの森は緑のダム」（太田威著・あかね書房）、「地球ふしぎ
　　　　発見シリーズ」（ポプラ社）などの企画編集にたずさわる。著作に「車いすからこんにちは」
　　　　（あかね書房）、「ボランティア わたしたちにできること」「いっしょがいいな 障がいの絵本」
　　　　（以上ポプラ社）など多数。

監修者　谷口孚幸（たにぐち たかゆき）
　　　　工学博士。大手建設会社に勤務、都市開発にたずさわった後退職し、現在は大東文化大学環
　　　　境創造学部で教鞭をとる。NPO（特定非営利活動法人）首都圏環境カウンセラー協会理事。お
　　　　もな著書に「都市水代謝デザイン」「地球環境都市デザイン」（理工図書）「水ハンドブック」
　　　　（海象社）などがある。

　　　　横山隆一（よこやま りゅういち）
　　　　財団法人日本自然保護協会（NACS-J）常勤理事。専門は、保護地域・アセスメント・大型猛禽
　　　　類の保護研究。自然保護に関する教育・メディアにも関わり、「野外における危険な生物」「指
　　　　標生物-自然をみるものさし」「昆虫ウォッチング」（平凡社・共著）等の執筆・編監修を行う。
　　　　環境省・林野庁等の多くの施策検討会委員に就任中。

表紙写真　太田 威

イラスト　岩崎保宏

写真提供　愛林館　岡 治　萬田正治　吉村伸一流域計画室　太田 威　締次美穂　窪田茂樹　田久保晴孝
　　　　　Image Copyright Natthawat Wongrat, Vova Pomortzeff, Daniel Gustavsson 2006
　　　　　Used under license from Shutterstock, Inc.

デザイン　鈴木康彦

地球の未来と「水」1
生命をささえる、めぐる水
2007年10月　第1刷発行　　2008年7月　第2刷発行

著者／岸上祐子・嶋田泰子
発行者／浦城寿一
発行所／さ・え・ら書房
　　　　東京都新宿区市谷砂土原町3-1　〒162-0842
　　　　http://www.saela.co.jp/
印刷・製本／光陽メディア

©2007 Yuko kishikami / Yasuko Shimada
ISBN978-4-378-01161-5　NDC518　PRINTED IN JAPAN

●参考文献
「水ハンドブック 循環型社会の水をデザインする」谷口孚幸　海象社、「川のなんでも小事典」土木学会関西支部編　講談社、「河川の科学」末次忠司　ナツメ社、「水と生命の生態学」日高敏隆編　講談社、「水田のはたらき」関矢信一郎　家の光協会、「地球物語-46億年の謎を解き明かす」浜田隆士　新潮社

●参考資料
「平成18年版日本の水資源」国土交通省土地・水資源局水資源部編　国立印刷局、「東京おさかな図鑑 メダカからクジラまで」加藤憲司編　東京都水産試験場、「理科年表」国立天文台編　丸善株式会社